AF329202

L'ORACLE DES SEXES

PRÉDICTION

DU SEXE DES ENFANTS

AVANT LA NAISSANCE

La Gonocritie.
Manuel des Mères et des épouses.

Présages de fécondité ou de stérilité.

Prédiction du nombre et du sexe des enfants
qui doivent naître.

Détermination du sexe de l'enfant
pendant la géstation.

Procréation du sexe masculin ou féminin
à volonté.

PARIS

LIBRAIRIE GÉNÉRALE DES SCIENCES OCCULTES

H. CHACORNAC, Éditeur

11, QUAI SAINT-MICHEL, 11

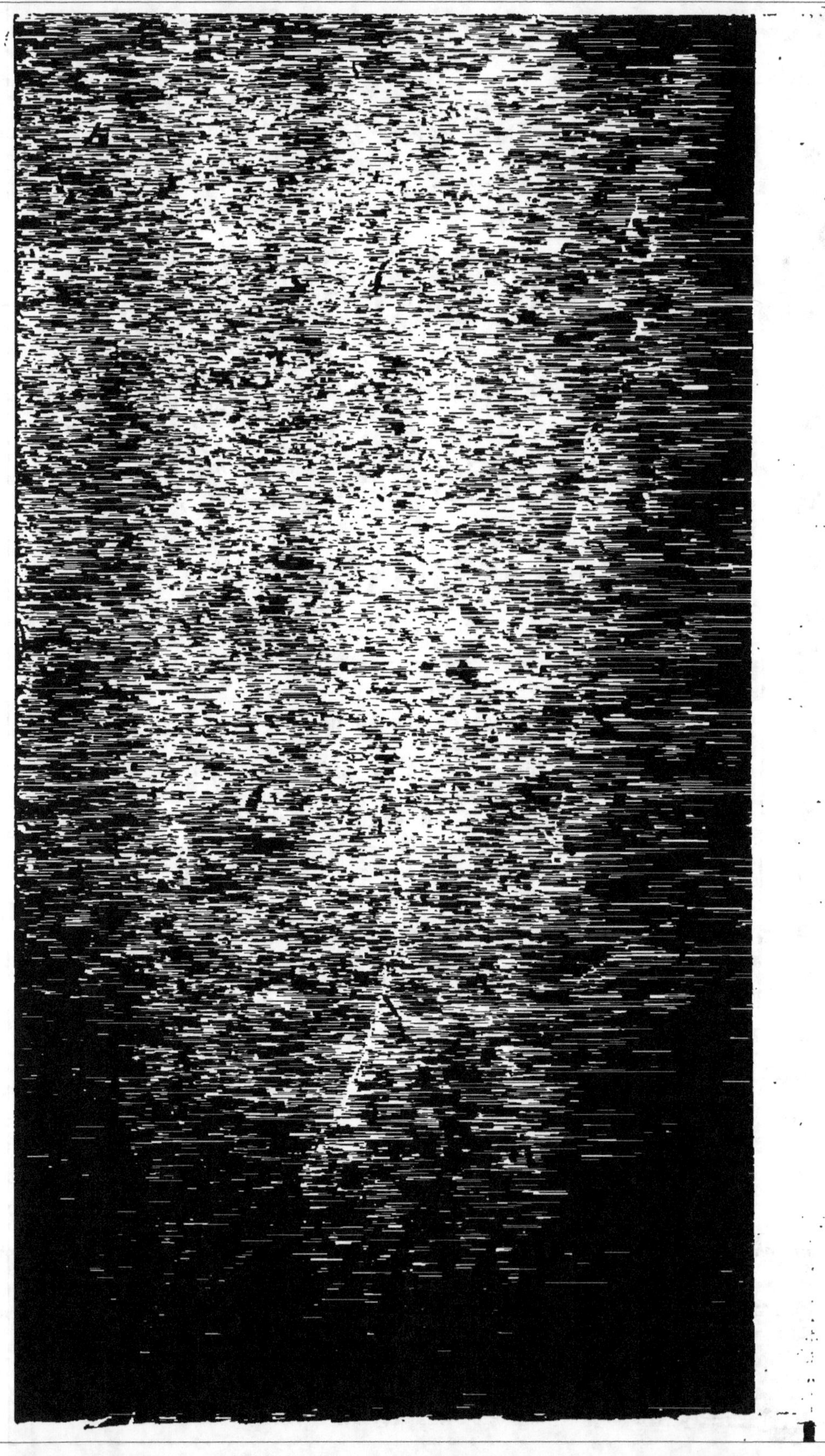

L'ORACLE DES SEXES

SIRIUS DE MASSILIE

L'ORACLE DES SEXES

PRÉDICTION

DU SEXE DES ENFANTS

AVANT LA NAISSANCE

La Gonocritie.
Manuel des Mères et des épouses.

Présages de fécondité ou de stérilité.

Prédiction du nombre et du sexe des enfants
qui doivent naître.

Détermination du sexe de l'enfant
pendant la gestation.

Procréation du sexe masculin ou féminin
à volonté.

PARIS

LIBRAIRIE GÉNÉRALE DES SCIENCES OCCULTES

H. CHACORNAC, Éditeur

11, QUAI SAINT-MICHEL, 11

L'ORACLE DES SEXES

I

L'ART GONOCRITIQUE

**La divination du sexe de l'enfant
avant sa naissance.**

La Gonocritie, c'est-à-dire la détermination anticipée des sexes, la prédiction sexuologique antérieure à la naissance, est certai-
nement la branche la plus curieuse de la
Mantique ancienne et moderne.

C'est assurément l'art divinatoire qui offre
le plus captivant intérêt et qui est susceptible de rendre les plus réels services.

La curiosité féminine se corse de l'an-
goisse maternelle, et grande est l'impatience
de savoir à quel sexe appartiendra le fruit
de l'amour, déjà germé, qui bientôt sera par-
venu à son terme.

Les désirs du père se joignent à ceux de la mère.

Que ne donneraient-ils l'un et l'autre pour pénétrer les arcanes de la procréation, pour soulever un coin du voile qui dérobe à la perception normale le mystère de la génération.

La GONOCRITIE a son origine dans l'antiquité la plus reculée, car elle est contemporaine de l'Astrologie, la plus ancienne des sciences occultes, souche de toutes les méthodes de divination réelle, les seules dignes de ce nom.

En établissant leurs « jugements astronomiques sur les nativités », en horoscopant l'état du ciel et en établissant les aspects planétaires dont ils tiraient leurs présages infaillibles, les Mages, pontifes de la Science souveraine, déterminaient les règles de la transmission organique et pronostiquaient sûrement la généalogie d'une famille.

Par l'étude comparative des horoscopes, ils prévoyaient, avec une méthode sûre, les règles de la descendance ; ils signalaient la fécondité ou la stérilité des unions ; ils annonçaient la vitalité ou la mortalité des enfants qui devaient naître; ils en fixaient le nombre; ils marquaient l'époque des naissances successives; ils assignaient le sexe des enfants.

On pouvait donc leur poser cette unique question :

« *A quel sexe appartiendra le fruit d'amour que portent mes entrailles ?* »

Ils y auraient répondu avec certitude, en étudiant l'horoscope du père et celui de la mère, et en comparant l'un à l'autre, selon l'évolution des cycles, la Révolution de ces deux thèmes de nativité, appliquée à l'année de la procréation et de la parturition.

De quel intérêt majeur est cette question de la connaissance sexuologique, quand il s'agit de répondre à une situation politique ou même sociale?

Le souverain, — dont le trône ne peut être transmis, en vertu de la loi salique, qu'à un descendant mâle, — n'a-t-il pas un intérêt considérable à connaître d'avance le sexe de l'héritier que l'épouse royale ou impériale lui donnera?

La GONOCRITIE peut non seulement le lui révéler, mais elle lui indiquera aussi qu'elles peuvent être ses espérances avant toute pro-création.

Elle ira plus loin encore, si elle est consultée antérieurement au mariage, car l'astromancien saura discerner clairement, par le parallèle horoscopique, celle des fiancées qui sera susceptible de donner à l'époux souverain la descendance voulue par la constitution de son Etat.

N'est-il pas parfois également indispensable, dans certaines conditions sociales, de savoir quelle union matrimoniale sera capable de donner l'héritier nécessaire à la transmission de telle succession ou de telle tradition familiale ?

La *Mantique sexuologique des nativités* est donc un art utile et nécessaire.

La GONOCRITIE a encore le grand avantage de calmer l'énervement déterminé par l'incertitude et les appréhensions de la mère, état toujours funeste à l'œuvre procréatrice qui doit être une œuvre de calme et de recueillement, pour être une œuvre de robuste santé et d'heureux avenir.

La mère qui a eu la révélation du sexe de l'enfant auquel elle donnera le jour, — que cette prédiction favorise ses désirs ou les contrarie, — sera dans des conditions plus favorables au rôle générateur que la nature lui a assigné.

Si la réalisation de ses souhaits lui est promise, elle attendra confiante, heureuse et satisfaite, le terme de la délivrance, et elle portera avec bonheur l'enfant que l'amour lui a donné.

Même déçue dans ces espérances, la révélation lui sera salutaire, car à la déception éprouvée un instant succédera bientôt la résignation qui est au fond de la nature féminine, et les angoisses de l'incertitude, dominées par l'amour maternel, ne nuiront pas au petit être qu'elle doit mettre au monde.

Ce sont donc les règles de la procréation, au point de vue de la détermination anticipée du sexe, que cet ouvrage se propose de révéler.

Deux questions se posent ici :

D'abord, celle du *pronostic généalogique* qui concerne les présages antérieurs à toute procréation, et même à l'union matrimoniale légale ou libre ;

1.

Ensuite celle du *diagnostic sexuologique*, c'est-à-dire celle qui, placée entre l'époque de la conception et celle de la parturition, a pour but d'annoncer avec certitude le sexe de l'enfant déjà engendré.

Nous les traiterons successivement l'une et l'autre, avec une clarté et une méthode qui feront de la GONOCRITIE un véritable ORACLE DES SEXES, que chacun, sans connaissances spéciales des lois abstraites et des règles ardues de la science occulte, pourra consulter aisément en se livrant aux opérations que nous simplifierons le plus possible, afin de les mettre réellement à la portée de tous.

II

PRÉSAGES DE GÉNÉALOGIE

Manière de prévoir si le mariage donnera des enfants, quel en sera le nombre et le sexe.

Nous avons dit que la GONOCRITIE est basée sur les influences sidérales ; en d'autres termes, l'art de présager la généalogie, antérieurement même au mariage, est une des branches de l'Astrologie.

Elle n'est même qu'un chapitre de cette haute science occulte, la seule réellement infaillible.

Il n'entre point dans notre projet, pas plus que dans les limites de cet ouvrage, ni dans la simplification que nous nous sommes proposé d'y apporter, d'établir ici les règles complètes de la pratique de l'horoscope.

Pour permettre à chacun de pratiquer la partie astromantique qui l'intéresse, de savoir quelles chances de progéniture présente le mariage qu'il se propose de contracter, il nous suffira d'initier nos lecteurs à une opération d'autant plus facile que nous la réduirons à sa plus simple expression.

Nous ne disserterons pas ici sur la science astrologique, qui a suffisamment fait ses preuves pour avoir mérité son juste renom d'infaillibilité.

Ceux qui en douteraient seront convaincus aisément s'ils veulent bien se reporter aux traités spéciaux et pratiquer eux-mêmes, sans parti pris, la méthode qu'ils y trouveront exposée.

Nous avons dit que l'horoscope fournit des indications certaines sur l'avenir du mariage, en ce qui concerne les enfants.

Pour connaître les présages de génération, il faut ériger les figures astrologiques des deux époux et les comparer entre elles.

Il importe donc avant tout d'établir sous quel signe du zodiaque se place la naissance.

La table suivante donne la concordance des constellations zodiacales avec le calendrier grégorien.

Les heures inscrites pour chaque mois

sont celles où, — d'une façon moyenne, — le soleil passe dans le signe correspondant à ce mois, au méridien de Paris, ce qui démontre que la connaissance de l'heure de la naissance est parfois nécessaire.

TABLE DE CONCORDANCE

DU ZODIAQUE ET DU CALENDRIER

Le Soleil entre dans :

Le Bélier, le 20 mars à 10 h. 30 du matin,
Le Taureau, le 14 avril à 10 h. 35 du soir,
Les Gémeaux, le 20 mai à 10 h. 30 du soir,
Le Cancer, le 21 juin à 7 heures du matin,
Le Lion, le 22 juillet à 7 h. 50 du soir,
La Vierge, le 23 août à minuit 30,
La Balance, le 22 septembre à 9 h. 20 du soir,
Le Scorpion, le 23 octobre à 6 h. 50 du matin,
Le Sagittaire, le 22 novembre à 2 h. 40 du matin,
Le Capricorne, le 21 décembre à 3 h. 30 du matin,
Le Verseau, le 14 janvier à 8 h. 27 du soir.
Les Poissons, le 18 février à 10 h. 50 du matin.

Avec cette table, il est aisé de savoir, par exemple, qu'une personne née le 20 mai sera placée sous le signe des Gémeaux si sa naissance a eu lieu après 10 h. 30 du soir, tandis qu'elle sera sous le signe du Taureau, si elle a eu lieu avant.

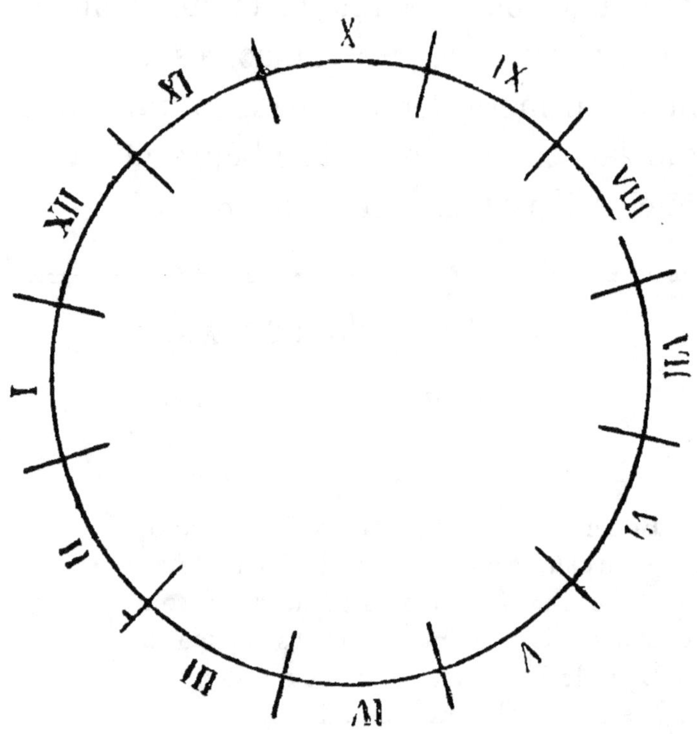

Un cercle, divisé en douze parties égales, numérotées dans l'ordre indiqué dans cette figure, représente la succession des douze maisons solaires, en lesquelles les signes du zodiaque doivent être inscrits.

Le signe sous lequel la naissance a eu lieu se place dans la maison I, et les autres successivement, c'est-à-dire que le signe suivant vient dans la maison II, et ainsi de suite.

Dans l'horoscope, la maison I représente le sujet du thème génethliaque : c'est là que

se lisent les présages de son essence indivi-
duelle, morale et physique.

La maison V est celle de la génération, ou
des enfants; et la maison VII, celle de l'union
ou du mariage.

Ces trois maisons seules nous occupent
pour les présages que nous désirons obtenir.

Une autre règle indispensable à connaître,
est celle qui détermine la nature des signes
du zodiaque.

Le tableau suivant donnera celles des qua-
lités de chaque signe qui concourent à établir les présages en matière de génération.

NATURE DES SIGNES ZODIACAUX

SIGNES DE FEU donnant le *tempérament sanguin* :

Le Bélier............ masculin et mi-fécond;
Le Lion............. masculin et stérile;
Le Sagittaire....... masculin et mi-fécond.

SIGNES DE TERRE donnant le *tempérament bilieux* :

Le Taureau......... féminin et mi-fécond;
La Vierge.......... féminin et stérile;
Le Capricorne...... féminin et neutre.

SIGNES D'AIR donnant le *tempérament nerveux* :

Les Gémeaux....... masculin et neutre;
La Balance......... masculin et neutre;
Le Verseau......... masculin et stérile.

SIGNES D'EAU donnant le *tempérament lymphatique :*

Le Cancer........... féminin et fécond ;
Le Scorpion........ féminin et fécond ;
Les Poissons....... féminin et très-fécond.

Chaque signe appartient à une planète, et leurs influences se combinent.

Il est donc nécessaire de connaître également la nature de l'influence de chaque planète au point de vue gonologique.

SATURNE (*masculin*) est maître du **Capricorne** et du **Verseau**.

JUPITER (*masculin*) est maître du **Sagittaire** et des **Poissons**.

MARS (*masculin*) est maître du **Bélier** et du **Scorpion** ;

LE SOLEIL (*masculin*) est maître du **Lion** ;

VENUS (*féminin*) est maître du **Taureau** et de la **Balance** ;

MERCURE (*neutre*) est maître des **Gémeaux** et de la **Vierge** ;

LA LUNE (*féminin*) est maître du **Cancer**.

Une seule chose reste à connaître, c'est l'âge de la lune au moment de la naissance.

On l'obtient par un calcul très simple, au moyen des deux tables ci-après :

TABLE DES ÉPACTES

ÉPACTES	ANNÉES									
VI	1830	1849	1868	1887	1906	1925	1944	1963	1982	2001
XVII	1831	1850	1869	1888	1907	1926	1945	1964	1983	2002
XXVIII	1832	1851	1870	1889	1908	1927	1946	1965	1984	2003
IX	1833	1852	1871	1890	1909	1928	1947	1966	1985	2004
XX	1834	1853	1872	1891	1910	1929	1948	1967	1986	2005
I	1835	1854	1873	1892	1911	1930	1949	1968	1987	2006
XII	1836	1855	1874	1893	1912	1931	1950	1969	1988	2007
XIII	1837	1856	1875	1894	1913	1932	1951	1970	1989	2008
IV	1838	1857	1876	1895	1914	1933	1952	1971	1990	2009
XV	1839	1858	1877	1896	1915	1934	1953	1972	1991	2010
XXVI	1840	1859	1878	1897	1916	1935	1954	1973	1992	2011
VII	1841	1860	1879	1898	1917	1936	1955	1974	1993	2012
XVIII	1842	1861	1880	1899	1918	1937	1956	1975	1994	2013
XXIX	1843	1862	1881	1900	1919	1938	1957	1976	1995	2014
XI	1844	1863	1882	1901	1920	1939	1958	1977	1996	2015
XXII	1845	1864	1883	1902	1921	1940	1959	1978	1997	2016
III	1846	1865	1884	1903	1922	1941	1960	1979	1998	2017
XIV	1847	1866	1885	1904	1923	1942	1961	1980	1999	2018
XXV	1848	1867	1886	1905	1924	1943	1962	1981	2000	2019

Il est aisé à chacun de prolonger ce tableau, soit antérieurement à 1830, soit postérieurement à 2019, en inscrivant les années dans des colonnes supplémentaires.

TABLE DES PHASES

JOURS	Janvier.	Février.	Mars.	Avril.	Mai.	Juin.	Juillet.	Août.	Septembre.	Octobre.	Novembre.	Décembre.
1	0	29	0	29	28	26	25	24	22	21	20	20
2	29	28	29	28	27	25	24	23	21	20	19	19
3	28	27	28	27	26	24	23	22	20	19	18	18
4	27	26	27	26	25	23	22	21	19	18	17	17
5	26	25	26	25	24	22	21	20	18	17	16	16
6	25	24	25	24	23	21	20	19	17	16	15	15
7	24	23	24	23	22	20	19	18	16	15	14	14
8	23	22	23	22	21	19	18	17	15	14	13	13
9	22	21	22	21	20	18	17	16	14	13	12	12
10	21	20	21	20	19	17	16	15	13	12	11	11
11	20	19	20	19	18	16	15	14	12	11	10	10
12	19	18	19	18	17	15	14	13	11	10	9	9
13	18	17	18	17	16	14	13	12	10	9	8	8
14	17	16	17	16	15	13	12	11	9	8	7	7
15	16	15	16	15	14	12	11	10	8	7	6	6
16	15	14	15	14	13	11	10	9	7	6	5	5
17	14	13	14	13	12	10	9	8	6	5	4	4
18	13	12	13	12	11	9	8	7	5	4	3	3
19	12	11	12	11	10	8	7	6	4	3	2	2
20	11	10	11	10	9	7	6	5	3	2	1	1
21	10	9	10	9	8	6	5	4	2	1	0	0
22	9	8	9	8	7	5	4	3	1	0	29	29
23	8	7	8	7	6	4	3	2	0	29	28	28
24	7	6	7	6	5	3	2	1	29	28	27	27
25	6	5	6	5	4	2	1	0	28	27	26	26
26	5	4	5	4	3	1	0	29	27	26	25	25
27	4	3	4	3	2	0	29	28	26	25	24	24
28	3	2	3	2	1	29	28	27	25	24	23	23
29	2	1	2	1	0	28	27	26	24	23	22	22
30	1	—	1	0	29	27	26	25	23	22	21	21
31	0	—	0	—	28	—	25	24	—	20	—	20

Rien de plus facile que de trouver l'âge de la lune à un jour donné.

Si l'on a par exemple, la date du 15 août 1910, la *table des Epactes* indique que l'année 1910 aura le nombre XX pour épacte.

On se reporte au mois d'août de la table des phases et l'on cherche le nombre 20 dans la colonne qu'il gouverne. Ce nombre 20 se trouve en face du 4 (colonne des jours), ce qui indique que le 4 août 1900 la lune sera nouvelle. Il n'y a donc qu'à compter du 4 au 15 août, et l'on trouvera que ce jour-là la lune aura douze jours.

Un petit tableau est encore nécessaire pour indiquer la situation de la Lune à chaque jour de son mois.

La Lune évolue, en effet, en parcourant le zodiaque. Elle met deux jours à parcourir certains signes, et trois jours à parcourir les autres.

Les nombres marqués au-dessous des signes indiquent la position de la Lune à chaque jour du mois.

TABLEAU

des positions de la Lune dans le Zodiaque
à chaque jour de son mois.

O (N. Lune). 1er jour.	Dans le Bélier.		15e (P. L.) 16e	Dans la Balance.	
2e 3e	Dans le Taureau.		17e 18e	Dans le Scorpion.	
4e 5e 6e	Dans les Gémeaux.		19e 20e 21e	Dans le Sagittaire.	
7e (1er Q.) 8e 9e	Dans le Cancer.		22e (D. Q.) 23e 24e	Dans le Capricorne.	
10e 11e 12e	Dans le Lion.		25e 26e 27e	Dans le Verseau.	
13e 14e	Dans la Vierge.		28e 29e	Dans les Poissons.	

A l'aide de ce *tableau des positions de la Lune,* on devra la porter sur la figure de l'horoscope, dans le signe indiqué.

Le Soleil est placé naturellement dans le signe du zodiaque qui se trouve dans la maison I, puisqu'il se trouvait dans ce signe au moment de la naissance.

On établira de la même manière l'horoscope de l'homme et celui de la femme, et l'on en fera ce que l'on nomme la Révolution pour l'année du mariage, puisque cette étude a pour but de rechercher si l'union sera féconde ou stérile et quel sera le sexe des enfants que les présages promettent.

La *révolution d'horoscope* pour une année quelconque de l'existence s'obtient en faisant évoluer le zodiaque dans les maisons solaires à raison d'un signe par année.

Ainsi, celui qui est né du 20 mars au 18 avril a le Bélier, dans la maison I pour son horoscope de nativité ; il aura par conséquent le Taureau dans la maison I pour la révolution de la deuxième année; les Gémeaux, pour la troisième ; le Cancer, pour la quatrième ; etc.

Le petit tableau ci-dessous indique la maison que doit occuper le signe de nativité pour la révolution d'horoscope de chaque année.

TABLEAU

DES RÉVOLUTIONS D'HOROSCOPES

Maison dans laquelle se place le signe de nativité.	ANNÉES							
I	1re	13e	25e	37e	49e	61e	73e	85e
XII	2e	14e	26e	38e	50e	62e	74e	86e
XI	3e	15e	27e	39e	51e	63e	75e	87e
X	4e	16e	28e	40e	52e	64e	76e	88e
IX	5e	17e	29e	41e	53e	65e	77e	89e
VIII	6e	18e	30e	42e	54e	66e	78e	90e
VII	7e	19e	31e	43e	55e	67e	79e	91e
VI	8e	20e	32e	44e	56e	68e	80e	92e
V	9e	21e	33e	45e	57e	69e	81e	93e
IV	10e	22e	34e	46e	58e	70e	82e	94e
III	11e	23e	35e	47e	59e	71e	83e	95e
II	12e	24e	36e	48e	60e	72e	84e	96e

Par conséquent, celui qui est né, par exemple sous le signe du Lion, aura ce signe dans la maison I pour son horoscope de nativité; dans la maison XII, pour sa deuxième année; dans la maison XI pour la troisième; etc. Les autres signes se placent toujours dans leur ordre.

Dans chaque révolution, le Soleil et la Lune doivent toujours être placés dans le même signe zodiacal qu'en nativité; ils évoluent par conséquent avec ce signe, et reculent chaque année d'une maison.

Tout d'abord, il faut noter que le Soleil gouverne les organes génitaux de l'homme, tandis que la Lune exerce son influence sur ceux de la femme.

Il est donc nécessaire, pour que le mari soit dans de bonnes conditions de procréation à l'égard de sa femme, que le Soleil de son horoscope ne soit pas en opposition, ni en quadrature avec la Lune de l'horoscope de sa femme.

L'*opposition* est l'aspect de deux astres situés aux extrémités diamétrales de la figure céleste : ainsi le Bélier, est opposé à la Balance; le Taureau, au Scorpion; les Gémeaux, au Sagittaire etc.

On nomme *quadrature* l'aspect de deux astres qui ne sont séparés que par deux signes (45°). — Ainsi le Soleil dans le Cancer, est en quadrature avec la Lune, dans la Balance.

On observera ensuite dans quel signe du zodiaque se trouvent le Soleil dans l'horoscope du mari et la Lune dans celui de la femme.

S'ils sont l'un et l'autre en signes stériles (Lion, Vierge, Verseau), il n'y a pas de présages d'enfants.

S'ils sont en signes féconds (Cancer, Scorpion, Poissons), il y a présages d'enfants.

En signes mi-féconds, présage d'un seul enfant, très rarement de deux.

En signes neutres, le présage d'un enfant est très incertain et ne peut être établi que par la favorable situation du Soleil, de la Lune, de Jupiter et de Vénus, sans aucune influence maléfique de Saturne ou de Mars, — ce qui ne s'obtient qu'au moyen d'un horoscope complet.

Le Soleil, dans l'horoscope du mari, et la Lune dans celui de la femme, ne doivent pas être en opposition, ni en quadrature avec la maison V.

Cet aspect infortune le présage d'enfants.

Jupiter et Vénus dans les deux horoscopes, ne doivent pas être non plus en opposition ou en quadrature avec cette maison V.

Saturne dans la maison V détruit les présages d'enfants.

S'il est en opposition ou en quadrature

avec la maison V, il n'annule pas le présage, mais il exerce sa funeste influence sur les enfants.

Il en est de même de Mars, dont l'influence malfaisante — (en conjonction, opposition ou quadrature avec la maison V) — annonce blessure pendant la grossesse, accouchement laborieux et parfois chirurgical, ou mort de l'enfant par effusion de sang, surtout s'il se trouve en signe d'air (Gémeaux, Balance, Verseau).

Mais nous compliquerions beaucoup trop ce travail si nous l'étendions au calcul de la situation des planètes dans les divers signes du zodiaque ; cela ne peut être fait que dans un horoscope complet, au moyen des cercles fatidiques des planètes.

La nature des signes zodiacaux et la situation du Soleil et de la Lune suffiront pour tirer les présages généraux d'un horoscope en ce qui concerne la fécondité ou la stérilité du mariage.

Ajoutons que les signes doubles, — les Gémeaux et les Poissons, — présagent plusieurs enfants, et parfois même des naissances gémellaires.

Il faut pour cela qu'un de ces signes soit en maison V ou en maison I dans les deux révolutions d'horoscope, sans aucun aspect infortuné de Saturne, tandis que la Lune (sauf à son 15mo et à son 30mo jour), doit se trouver placée dans le signe de la maison V de la révolution d'horoscope de la femme.

Tels sont les présages généraux Gonocritiques qui peuvent être tirés de l'étude et de la comparaison des horoscopes.

III

DÉTERMINATION DU SEXE

AVANT LA CONCEPTION

Aucune des œuvres de la nature n'est plus directement soumise aux influences sidérales que l'œuvre mystérieuse de la procréation.

Ce sont ces arcanes que nous voulons révéler ici.

De leur connaissance dépend, en effet, la détermination nette et réellement infaillible du sexe de l'enfant procréé.

Rappelons d'abord ce que nous avons dit sur la nature des planètes.

Sept planètes sont considérées comme exerçant leur influence sur les choses terrestres ; ce sont Saturne, Jupiter, Mars, le Soleil, Vénus, Mercure et la Lune.

Les autres planètes, Uranus, Neptune, etc., sont trop éloignées de la terre pour que leur influence soit déterminante ou prépondérante ; elles agissent plus particulièrement sur l'esprit (l'âme) et sur le corps fluidique qui sert de lien entre l'âme et le corps, entre l'esprit et la matière.

Les autres corps sidéraux exercent leur influence sur les êtres des autres mondes et sont, quant à la détermination du sexe, sans action sur ceux du monde solaire ou terrestre, pour nous placer plus apparemment au point de vue de notre humanité.

Nous avons indiqué (page 16) le sexe que détermine chaque planète.

A cette influence, il faut ajouter, pour chacune d'elles, l'influence sexuologique provenant du signe du zodiaque correspondant, afin d'obtenir le présage complet.

C'est aux parents que s'appliquent les présages fournis par les planètes, car la qualité de la procréation doit dépendre forcément de la qualité des procréateurs.

Il faut donc déterminer avant tout les influences planétaires sous lesquelles les parents des enfants engendrés ou à engendrer sont placés pour pouvoir en connaître le sexe.

Ces influences planétaires des individus

sont révélées par ce qu'on appelle *les signatures astrales*, car « l'homme, — ainsi que le dit Paracelse, — est distingué par une forme spéciale parfaitement adaptée à son individualité ; et, de même que par la forme d'une plante on reconnaît son espèce, on reconnaît la nature de l'homme par sa conformation. »

La nature a donc établi des caractères spéciaux qui forment ces signatures astrales, et la connaissance de ces signatures révèle les secrets les plus intimes de l'organisation humaine.

Voici donc les caractères symptomatiques des sept signatures astrales.

SIGNATURE DE SATURNE

Les Saturniens sont maigres, pâles, grands ; leur peau est brune, souvent terreuse, rude et sèche ; elle se ride facilement.

Leurs cheveux, d'abord épais, noirs, plats, tombent de bonne heure.

Ils marchent les genoux pliés, les yeux fixés vers la terre, et leur démarche est lente.

2.

Ils sont frileux et languissants.

La voix est grave et sourde ; la parole lente.

La tête est longue ; les joues creuses, la mâchoire large, les pommettes saillantes, les sourcils relevés et rapprochés, les yeux creux, les oreilles grandes, le nez long, mince et pointu ; les narines charnues, mais peu ouvertes ; la bouche grande, avec les lèvres minces, la lèvre inférieure proéminente ; les dents se gâtent vite ; le cou est grand, fortement musclé, avec les veines apparentes ; la pomme d'Adam très saillante.

Les os sont gros, les jointures épaisses ; les épaules hautes ; les mains noueuses et maigres ; les veines des pieds apparentes.

SIGNATURE DE JUPITER

Les Jupitériens sont forts et de taille moyenne.

La peau blanche et colorée ; le teint frais, la voix claire, les yeux brillants, les cils longs et minces ; les cheveux châtains, épais, bouclés, souples ; le nez moyen et droit ; la bouche grande, aux lèvres fortes, la lèvre supérieure proéminente ; les dents grandes, les joues charnues, les pommettes apparentes, le menton long, les oreilles moyennes, le cou bien proportionné et nuancé de veines bleues.

Les épaules larges, les pieds et les mains épais sans être forts.

La démarche est modérée, la calvitie est précoce.

SIGNATURE DE MARS.

Les Martiens sont de taille au-dessus de la moyenne.

Ils ont la tête courte, le front découvert, le cervelet préominent.

La peau est dure, ferme, tirant sur le rouge brun; les cheveux épais, courts, crépus aux extrémités; roux ou blond ardent; les yeux grands et pétillants, au regard ferme et dur.

La bouche est grande avec les lèvres minces, la lèvre inférieure un peu plus épaisse; les dents, larges et courtes; les sourcils bas, droits et épais; le nez relevé et recourbé; la barbe dure et courte, le menton saillant, les oreilles détachées, les joues osseuses, les pommettes saillantes.

La poitrine est large et bombée ; le dos est épais, les articulations fortes, les extrémités robustes.

Ils marchent à grands pas.

La voix est forte.

SIGNATURE DU SOLEIL.

Les Appoliniens sont bien faits.

Le teint est de couleur citrine, mêlé de rouge çà et là.

Les cheveux longs et fins sont blonds ou nuancés de doré.

Le front est préominent, sans exagération et quelque peu bas ; les yeux grands et brillants.

Les joues charnues et fermes ; le nez fin et droit, les sourcils fixes et arqués ; la bouche moyenne, les deux lèvres proéminentes mais égales.

La voix sonore, le menton rond et peu saillant, les oreilles moyennes, le cou long, la poitrine large et bombée, les reins cambrés, les attaches des membres fines.

SIGNATURE DE VÉNUS.

Les Vénériens ont à peu près le caractère

des Jupitériens, avec quelque chose d'efféminé.

La peau est plus blanche ou plus rosée, plus douce et plus diaphane.

La figure est ronde, les os peu apparents, les joues petites et grasses, souvent avec une fossette; les sourcils longs, épais et nets, les cheveux ondulés et se conservant; le nez droit et large, mais élégant; les yeux grands, clairs et expressifs; la bouche petite, avec les lèvres épaisses et les dents blanches et régulières.

Le menton rond, les oreilles petites, aux lobes charnus, le cou blanc et rond, les épaules tombantes, les hanches développées, les genoux un peu en dedans, les attaches fines, les pieds petits.

SIGNATURE DE MERCURE.

Les Mercuriens sont plutôt petits, mais bien faits.

La figure longue, souvent agréable, parfois grimaçante, le teint pâle; les cheveux châtains et plats, d'une croissance lente; la peau douce, le front haut et bombé.

Les sourcils minces, longs et réunis; les

yeux enfoncés et très mobiles, le nez long et droit, aux narines minces; les lèvres fines déclivent aux commissures; les dents petites; le menton long et pointu, la tête est large du sommet; le cou gros.

Les épaules fortes, la poitrine large, les reins cambrés; les os peu apparents, la voix faible.

SIGNATURE DE LA LUNE.

Les Séléniens ont le visage arrondi, la tête large, le bas du front proéminent, le teint pâle, parfois nuancé; la peau maculée, les chairs molles.

Ils sont grands; le corps peu velu, les cheveux fins, longs, peu épais; le nez court et étroit; la bouche petite aux lèvres fortes, les yeux ronds, les sourcils rares, le menton épais, les oreilles collées à la tête; le cou long et blanc, les épaules larges, les reins épais, les hanches saillantes, les attaches massives, les pieds grands.

*
* *

Il est excessivement rare qu'une personne

ait dans toute sa pureté le caractère d'une seule planète.

Généralement les influences de deux et souvent de trois planètes se font sentir, et par suite la signature astrale est une combinaison de leurs natures.

La planète qui domine, quand elle n'est pas infortunée, est généralement celle à laquelle appartient le signe du zodiaque sous lequel la naissance a eu lieu.

La planète maîtresse de la maison VI vient ensuite, donnant l'atavisme, car la maison IV est celle des ascendants.

Puis c'est l'influence de la planète gouvernant le signe qui se trouve en maison IV qui se fait sentir, et elle détermine le tempéramment, la santé.

La planète maîtresse du signe placé en maison IX, qui présage les choses intellectuelles vient ensuite.

Et enfin c'est celle qui gouverne le signe placé en maison X, car elle résume toutes les autres.

Les trois influences prépondérantes sont celles qui viennent des maisons I, IV et X.

En ce qui concerne les facultés procrérices, il s'opère par conséquent une combinaison dont les éléments sont fournis par les planètes qui composent la signature astrale.

Les présages de procréation sexuologique seront donc conformes au tableau suivant, dans lequel le sexe qui doit dominer par le nombre ou la vitalité est marqué en lettres capitales grasses.

Saturne-Jupiter.	MALE.
Saturne-Mars.	**Stérile.**
Saturne-Soleil.	MALE.
Saturne-Vénus.	**MALE** et FEMELLE.
Saturne-Mercure.	**Stérile.**
Saturne-Lune.	**MALE** et FEMELLE.
Jupiter-Mars.	MALE.
Jupiter-Soleil.	MALE.
Jupiter-Vénus.	**MALE** et FEMELLE.
Jupiter-Mercure.	MALE.
Jupiter-Lune.	**MALE** et FEMELLE.
Jupiter-Saturne.	MALE.
Mars-Saturne.	**Stérile.**
Soleil-Saturne.	MALE.
Vénus-Saturne.	MALE et **FEMELLE.**
Mercure-Saturne.	**Stérile.**
Lune-Saturne.	MALE et **FEMELLE.**
Mars-Saturne.	MALE.

Soleil-Jupiter.	MALE.
Vénus-Jupiter.	MALE et **FEMELLE**.
Mercure-Jupiter.	MALE.
Lune-Jupiter.	MALE et **FEMELLE**.
Mars-Soleil.	MALE.
Mars-Vénus.	FEMELLE.
Mars-Mercure.	**Stérile**.
Mars-Lune.	FEMELLE.
Soleil-Vénus.	**MALE** et FEMELLE.
Soleil-Mercure.	MALE.
Soleil-Lune.	**MALE** et FEMELLE.
Vénus-Mercure.	FEMELLE.
Vénus-Lune.	FEMELLE.
Mercure-Lune.	FEMELLE.
Soleil-Mars.	MALE.
Vénus-Mars.	FEMELLE.
Mercure-Mars.	**Stérile**.
Lune-Mars.	FEMELLE.
Venus-Soleil.	MALE et **FEMELLE**.
Mercure-Soleil.	MALE.
Lune-Soleil.	MALE et **FEMELLE**.
Mercure-Vénus.	FEMELLE.
Lune-Vénus.	FEMELLE.
Lune-Mercure.	FEMELLE.

*
* *

Voici maintenant les présages fournis par la combinaison de trois influences planétaires.

3

Le nombre d'enfants et la vitalité de chaque sexe est indiqué par la grosseur des caractères.

Saturne-Jupiter-Mars.	*Mâle*
Saturne-Jupiter-Soleil.	Male
Saturne-Jupiter-Vénus.	*Mâle, Femelle*
Saturne-Jupiter-Mercure.	*Mâle*
Saturne-Jupiter-Lune.	*Mâle, Femelle*
Jupiter-Saturne-Mars.	Male
Jupiter-Saturne-Soleil.	**Mâle**
Jupiter-Saturne-Vénus.	**Mâle**, *Femelle*
Jupiter-Saturne-Mercure.	**Mâle**
Jupiter-Saturne-Lune.	**Mâle**, *Femelle*
Mars-Jupiter-Saturne.	*Mâle*
Soleil-Saturne-Jupiter.	**MALE**
Vénus-Saturne-Jupiter.	**Mâle**, **FEMELLE**
Mercure Saturne-Jupiter.	*Mâle*
Lune-Saturne-Jupiter.	**MALE**, Femelle
Saturne-Mars-Soleil.	*Mâle*
Saturne-Mars-Vénus.	*Femelle*
Saturne-Mars-Mercure.	Stérile
Saturne-Mars-Lune.	Stérile
Saturne-Soleil-Vénus.	*Mâle* et *Femelle*
Saturne-Soleil-Mercure.	Mâle
Saturne-Soleil-Lune.	Mâle et Femelle
Saturne-Vénus-Mercure.	*Femelle*
Saturne-Vénus-Lune.	*Femelle*
Saturne-Mercure-Lune.	Stérile

Jupiter-Mars-Soleil.	**Mâle**
Jupiter-Mars-Vénus.	**MALE**, *Femelle*
Jupiter-Mars-Mercure.	Male
Jupiter-Mars-Lune.	Male, *Femelle*
Jupiter-Soleil-Vénus.	**MALE**, Femelle
Jupiter-Soleil-Mercure.	**MALE**
Jupiter-Soleil-Lune.	**MALE**, Femelle
Jupiter-Vénus-Mercure.	**MALE, FEMELLE**
Jupiter-Vénus-Lune.	Male, **FEMELLE**
Jupiter-Mercure-Lune.	**MALE**, Femelle
Mars-Soleil-Vénus.	*Mâle, Femelle*
Mars-Soleil-Mercure.	*Mâle*
Mars-Saturne-Soleil.	Male
Mars-Saturne-Vénus.	*Femelle*
Mars-Saturne-Mercure.	Stérile
Mars-Saturne-Lune.	Stérile
Soleil-Saturne-Vénus.	**Mâle**, *Femelle*
Soleil-Saturne-Mercure.	**Mâle**
Soleil-Saturne-Lune.	**Mâle**, *Femelle*
Vénus-Saturne-Mercure.	**Femelle**
Vénus-Saturne-Lune.	**Femelle**
Mercure-Saturne-Lune.	Stérile
Mars-Jupiter-Soleil.	*Mâle*
Mars-Jupiter-Vénus.	*Mâle, Femelle*
Mars-Jupiter-Mercure.	*Mâle*
Mars-Jupiter-Lune.	*Mâle, Femelle*
Soleil-Jupiter-Vénus.	**MALE**, Femelle
Soleil-Jupiter-Mercure.	**MALE**
Soleil-Jupiter-Lune.	**MALE**, Femelle

Vénus-Jupiter-Mercure.	**MALE, FEMELLE**
Vénus-Jupiter-Lune.	Male, **FEMELLE**
Mercure-Jupiter-Lune.	Male, Femelle
Soleil-Mars-Vénus.	Male, *Femelle*
Soleil-Mars-Mercure.	*Mâle*
Soleil-Saturne-Mars.	**MALE**
Vénus-Saturne-Mars.	Femelle
Mercure-Saturne-Mars.	Stérile
Lune-Saturne-Mars.	*Femelle*
Vénus-Saturne-Soleil.	*Mâle,* **Femelle**
Mercure-Saturne-Soleil.	*Mâle*
Lune-Saturne-Soleil.	*Mâle,* **Femelle**
Mercure-Saturne-Vénus.	Femelle
Lune-Saturne-Vénus.	**Femelle**
Lune-Saturne-Mercure.	Femelle
Soleil-Jupiter-Mars.	**MALE**
Vénus Jupiter-Mars.	Male, **FEMELLE**
Mercure-Jupiter-Mars.	*Mâle*
Lune-Jupiter-Mars.	*Mâle,* Femelle
Vénus-Jupiter-Soleil.	Male, **FEMELLE**
Mercure-Jupiter-Soleil.	Male
Lune-Jupiter-Soleil.	Male, **FEMELLE**
Mercure-Jupiter-Vénus.	Male, Femelle
Lune-Jupiter-Vénus.	Male, **FEMELLE**
Lune-Jupiter-Mercure.	**MALE, FEMELLE**
Vénus-Mars-Soleil.	*Mâle,* Femelle
Mercure-Mars-Soleil.	Mâle
Mars-Soleil-Lune.	Mâle, Femelle
Mars-Vénus-Mercure.	Femelle

Mars-Vénus-Lune.	Femelle
Mars-Mercure-Lune.	Femelle
Soleil-Vénus-Mercure.	**MALE**, **Femelle**
Soleil-Vénus-Lune.	MALE, **FEMELLE**
Soleil-Mercure-Lune.	MALE, **Femelle**
Vénus-Mercure-Lune.	Femelle
Soleil-Mars-Lune.	**Mâle**, Femelle
Vénus-Mars-Mercure.	**Femelle**
Vénus-Mars-Lune.	*Femelle*
Mercure-Mars-Lune.	Femelle
Vénus-Soleil-Mercure.	**Mâle**, **FEMELLE**
Vénus-Soleil-Lune.	MALE, **FEMELLE**
Mercure-Soleil-Lune.	**MALE**, **Femelle**
Mercure-Vénus-Lune.	**FEMELLE**
Lune-Mars-Soleil.	Mâle, **Femelle**
Mercure-Mars-Vénus.	Femelle
Lune-Mars-Vénus.	*Femelle*
Lune-Mars-Mercure.	*Femelle*
Mercure-Soleil-Vénus.	MALE, **FEMELLE**
Lune-Soleil-Vénus.	MALE, **FEMELLE**
Lune-Soleil-Mercure.	**Mâle**, **FEMELLE**
Lune-Vénus-Mercure.	FEMELLE

Les présages fournis par ce tableau doivent être pris par les signatures astrales du père et de la mère, que l'on combinera en les étudiant.

IV

DÉTERMINATION DU SEXE

APRÈS LA CONCEPTION

Lorsque l'enfant est conçu, la détermination du sexe auquel il appartiendra s'obtiendra également par les influences planétaires.

Pour cela, il est nécessaire de connaître les jours et les heures gouvernés par les planètes, afin de savoir sous quelle influence a été placée l'œuvre procréatrice, et par conséquent quel sexe a été donné à l'enfant.

Ceci se détermine par quatre facteurs :

1° La planète maîtresse du signe ;
2° La planète maîtresse du décan ;
3° La planète maîtresse du jour ;
4° La planète maîtresse de l'heure ;
sous lesquels la procréation a eu lieu.

La *planète maîtresse du signe* est indiquée par le tableau placé page 16.

La *planète maîtresse du décan* se trouve à l'aide du simple tableau ci-dessous.

Il faut savoir que chaque signe du zodiaque est divisé en trois parties ou décans, comprenant chacune dix degrés.

TABLEAU DES DÉCANS

SIGNES.	Décans. 1er	2e	3e
Bélier.	Mars.	Soleil.	Vénus.
Taureau.	Mercure.	Lune.	Saturne.
Gémeaux.	Jupiter.	Mars.	Soleil.
Cancer.	Vénus.	Mercure.	Lune.
Lion.	Saturne.	Jupiter.	Mars.
Vierge.	Soleil.	Vénus.	Mercure.
Balance.	Lune.	Saturne.	Jupiter.
Scorpion.	Mars.	Soleil.	Vénus.
Sagittaire.	Mercure.	Lune.	Saturne.
Capricorne.	Jupiter.	Mars.	Soleil.
Verseau.	Vénus.	Mercure.	Lune.
Poissons.	Saturne.	Jupiter.	Mars.

Rien de plus facile que de connaître la *planète* qui est *maîtresse du jour*.

Tout le monde sait que les sept jours de la semaine sont gouvernés par les planètes qui leur ont donné leurs noms.

DIMANCHE LUNDI MARDI MERCREDI

Soleil.   Lune.   Mars.   Mercure.

JEUDI   VENDEDI   SAMEDI

Jupiter.   Vénus.   Saturne.

Enfin le tableau ci-dessous indiquera, pour chaque jour de la semaine, le nom des *planètes maîtresses* de chacune *des heures*.

On observera que le jour astrologique va de midi à midi ; par conséquent, la première heure est celle qui s'écoule de midi à une heure ; la deuxième, de une heure à deux heures ; et ainsi de suite. — La douzième heure sera celle comprise entre onze heures du soir et minuit ; la treizième, celle comprise entre minuit et une heure du matin... jusqu'à la vingt-quatrième qui va de onze heures du matin à midi.

Heures.	DIMANCHE	LUNDI	MARDI	MERCREDI	JEUDI	VENDREDI	SAMEDI
De midi à minuit.							
1	Soleil.	Lune.	Mars.	Mercure.	Jupiter.	Vénus.	Saturne.
2	Vénus.	Saturne.	Soleil.	Lune.	Mars.	Mercure.	Jupiter.
3	Mercure.	Jupiter.	Vénus.	Saturne.	Soleil.	Lune.	Mars.
4	Lune.	Mars.	Mercure.	Jupiter.	Vénus.	Saturne.	Soleil.
5	Saturne.	Soleil.	Lune.	Mars.	Mercure.	Jupiter.	Vénus.
6	Jupiter.	Vénus.	Saturne.	Soleil.	Lune.	Mars.	Mercure.
7	Mars.	Mercure.	Jupiter.	Vénus.	Saturne.	Soleil.	Lune.
8	Soleil.	Lune.	Mars.	Mercure.	Jupiter.	Vénus.	Saturne.
9	Vénus.	Saturne.	Soleil.	Lune.	Mars.	Mercure.	Jupiter.
10	Mercure.	Jupiter.	Vénus.	Saturne.	Soleil.	Lune.	Mars.
11	Lune.	Mars.	Mercure.	Jupiter.	Vénus.	Saturne.	Soleil.
12	Saturne.	Soleil.	Lune.	Mars.	Mercure.	Jupiter.	Vénus.
De minuit à midi.							
13	Jupiter.	Vénus.	Saturne.	Soleil.	Lune.	Mars.	Mercure.
14	Mars.	Mercure.	Jupiter.	Vénus.	Saturne.	Soleil.	Lune.
15	Soleil.	Lune.	Mars.	Mercure.	Jupiter.	Vénus.	Saturne.
16	Vénus.	Saturne.	Soleil.	Lune.	Mars.	Mercure.	Jupiter.
17	Mercure.	Jupiter.	Vénus.	Saturne.	Soleil.	Lune.	Mars.
18	Lune.	Mars.	Mercure.	Jupiter.	Vénus.	Saturne.	Soleil.
19	Saturne.	Soleil.	Lune.	Mars.	Mercure.	Jupiter.	Vénus.
20	Jupiter.	Vénus.	Saturne.	Soleil.	Lune.	Mars.	Mercure.
21	Mars.	Mercure.	Jupiter.	Vénus.	Saturne.	Soleil.	Lune.
22	Soleil.	Lune.	Mars.	Mercure.	Jupiter.	Vénus.	Saturne.
23	Vénus.	Saturne.	Soleil.	Lune.	Mars.	Mercure.	Jupiter.
24	Mercure.	Jupiter.	Vénus.	Saturne.	Soleil.	Lune.	Mars.

Voici alors comment on opère :

Supposons qu'on veuille déterminer quelles influences planétaires ont présidé à une conception qui a eu lieu le 15 mars 1900 à 9 ^{h} 1/2 du soir.

Le calendrier astronomique — celui du bureau des Longitudes si l'on veut — indique que le 15 mars correspond au 26° degré des Poissons.

On aura donc les influences suivantes :

Maître du signe des Poissons.   Jupiter.
Maître du 3° décan des Poissons (degrés 21 à 30).......... Mars.
Maître du jour (vendredi)... Vénus.
Maître de l'heure (10° heure). Lune.

L'influence prépondérante dans cette combinaison est celle de l'heure ; celle du jour vient ensuite ; celle du décan est moins forte et celle du signe la plus faible.

Les deux influences capitales — celle de l'heure et celle du jour — sont exercées, l'une par la Lune, l'autre par Vénus, planètes féminines.

On peut donc pronostiquer que l'enfant procréé le 15 mars 1900 à 9 ^{h} 1/2 du soir sera du sexe féminin, et ce sera un présage absolument certain si la mère a, en l'année de parturition, un signe de nature féminine dans la Vème maison de sa révolution d'horoscope.

V

LES ARCANES DE LA PROCRÉATION

Les mystéres de la génération dévoilés

Nous abordons ici l'existence de l'être nouvellement procréé.

Embryon pendant les trois premiers mois de la gestation maternelle, fœtus pendant les deux derniers trimestres de la vie intra-utérine, le petit être dont le sexe est déjà déterminé depuis le moment de la fécondation, est soumis aux influences planétaires qui vont continuer à agir sur lui, et favoriser ou maléficier son développement.

La distinction entre les deux termes *embryon* et *fœtus* est basé s ur le défaut d'apparence ou la nette distinction des formes du corps.

L'embryon est en quelque sorte comme le germe du fœtus.

Le nouveau petit être est d'abord un corpuscule qui présente un renflement à l'une de ses extrémités, l'extrémité céphalique, c'est-à-dire la tête. — Il a, à peu près, la forme d'un têtard.

Peu à peu, le corps s'allonge et se développe, et déjà, quoique encore à l'état embryonnaire, le sexe devient visible.

Il apparaît nettement peu après le premier mois de la gestation.

Ceci prouve, bien caractéristiquement, que la détermination définitive du sexe a réellement lieu au moment même de la fécondation.

Nous avons vu quelles influences mystérieuses le déterminent.

Il est utile de revenir encore un instant sur ce sujet qui constitue la partie la plus intéressante des arcanes de la procréation.

Tout, dans la nature, dans l'univers entier, appartient à l'un ou l'autre sexe.

Tout est divisé en élément actif, — correspondant au sexe masculin, — et en élément passif, — correspondant au sexe féminin.

C'est ainsi qu'est assurée la perpétuelle rénovation des mondes et des êtres, la transformation qui ne peut jamais être interrompue de toutes choses.

C'est ce qui constitue la loi d'attraction et

de répulsion, loi de l'équilibre universel.

Nous n'aborderons pas ici ce sujet transcendental, qui serait trop abstrait, et qui nous éloignerait du but de cet ouvrage de gonocritie.

Nous dirons seulement que, dans la procréation de l'espèce humaine, deux éléments se trouvent en présence et sont mis en contact, ainsi que cela se passe dans toute la nature, au moment où s'accomplit l'œuvre procréatrice.

Ces deux éléments sont représentés par la semence virile et par l'ovule.

La semence virile, le sperme, constitue l'élément masculin.

L'ovule de la femme constitue l'élément féminin.

C'est l'union de ces deux éléments qui donne naissance à un être nouveau, qui l'engendre.

Les deux sources de la vie sont le Soleil et la Lune.

Le Soleil est l'élément mâle.

La Lune est l'élément femelle.

La semence virile se trouve donc placée sous l'influence du Soleil et l'ovule sous l'influence de la Lune.

La détermination du sexe est par conséquent opérée par celle des deux influences qui l'emporte sur l'autre au moment de la fécondation, et c'est ainsi que s'explique la théorie que nous avons exposée dans les deux chapitres précédents.

On pourrait, — en poussant plus loin cette étude, — aborder le captivant sujet de la *procréation du sexe mâle ou femelle à volonté*.

Nous la traiterons plus loin.

Ici nous ne nous occupons que des influences occultes qui vont agir sur l'être engendré, au cours de la vie intra-utérine.

Il ne suffit pas, en effet, que le sexe ait été déterminé, sexe qui ne peut plus être changé dès que la conception est opérée.

Il faut encore connaître les modifications qui peuvent être apportées par les influences planétaires au sexe déterminé, quel qu'il soit.

C'est pendant cette existence mystérieuse de l'embryon d'abord et ensuite du fœtus, que s'opèrent ces modifications qui ne deviennent apparentes qu'après la naissance, qui forment la partie élémentaire et constitutionelle de l'être nouveau, et qui se développent et s'accentuent constamment au cours de l'existence.

Ne voit-on pas des hommes efféminés, portant l'empreinte de la nature féminine, en dépit de leur sexe.

Si l'esthétique s'est développée en eux, leurs traits n'offrent pas le caractère de cette énergique et mâle beauté qui est le propre de l'homme.

Ils ont une beauté de femme, avec sa mièvrerie, avec sa grâce même, avec tous ses attributs.

Le système pileux est restreint; la nuance des cheveux est plus souvent blonde; les mains sont fines; les pieds, petits; les attaches, délicates; les parties charnues, développées.

Le caractère est faible, susceptible d'être dominé; il a le fond subjectif, la nature passive.

Réciproquement, il arrive que la nature masculine peut l'emporter chez certaines femmes, en dépit de leur sexe.

Leur visage a les traits masculins.

Leur voix est mâle, leur caractère énergique, leur esprit dominateur.

Les formes du corps se rapprochent de celles de l'homme : les seins sont souvent à peine formés, les chairs sont velues, le visage même se couvre de poils.

Ces phénomènes sont le résultat évident de la prépondérance exercée par les influences planétaires de la nature masculine sur celles de la nature féminine, ou inversement suivant le cas.

Ces influences sont exercées pendant le temps de la gestation, par conséquent postérieurement à la détermination du sexe.

**
*

L'œuvre de la gestation est donc influencée par les sept planètes.

C'est successivement que s'exerce leur influence, selon l'ordre que les lois de la nature, confirmées par l'observation, leur ont assigné.

La période embryonnaire est successivement régie par Saturne, par Jupiter et par Mars.

Sa durée, un peu supérieure à un trimestre, est exactement de 114 jours.

L'embryon devenu fœtus, à son tour, est régi successivement par les autres planètes — Soleil, Vénus, Mercure et Lune, — pendant une période d'environ 169 jours.

Cela donne, au total, une durée moyenne de 273 jours pour l'œuvre de la gestation.

Mais la durée d'influence de chaque planète n'est pas égale.

En voici la réglementation :

SATURNE influence l'embryon pendant 63 jours

JUPITER	—	—	—	24 —
MARS	—	—	—	27 —
LE SOLEIL	—	le fœtus	—	39 —
VÉNUS	—	—	—	25 —
MERCURE	—	—	—	42 —
LA LUNE	—	—	—	53 —

Ces périodes sont susceptibles d'être quelque peu augmentées ou diminuées.

Cela dépend de la durée totale de la gestation.

Prédiction de la date exacte de la naissance.

Voici, d'après Auger Ferrier, — le célèbre médecin de Catherine de Médicis, l'auteur du *Traité des jugements astronomiques sur les nativités,* — comment on peut connaître quelle sera la durée de l'œuvre mystérieuse de la gestation.

La table ci-dessous est extraite de son savant ouvrage.

TABLE DU TEMPS

que l'enfant demeure dedans le ventre de sa mère

La lune étant sous l'horizon au moment de la Conception.	Lieu du ciel occupé par la Lune.		La lune étant dessus l'horizon au moment de la Conception.
	Signe.	Degré.	
273 moyenne.	0	0	258 minimum.
274	0	12°	259
275	0	24°	260
276	1	6°	261
277	1	18°	262
278	2	0	263
279	2	12°	264
280	2	24°	265
281	3	6°	266
282	3	18°	267
283	4	0	268
284	4	12°	269
285	4	24°	270
286	5	6°	271
287	5	18°	272
288 maximum.	5	29°	273 moyenne.

(Nombre de jours de la gestation.)

La manière de se servir de la Table d'Auger Ferrier, pour connaître la durée de la gestation, est bien simple.

Il est nécessaire de se reporter à la figure zodiacale de la nativité ci-contre, dont nous avons indiqué la méthode (page 22).

On opère, toujours d'après les indications de ce chapitre, la révolution du zodiaque pour l'année où la conception a eu lieu, et la Lune, placée dans le signe assigné par son âge au moment de la naissance, évolue avec ce signe.

Un exemple fera mieux comprendre cette opération qui est fort simple.

Supposons que nous ayons à déterminer la durée de la gestation de l'enfant conçu en 1900 par une femme née en 1876 sous le signe du Taureau, le 5ᵉ jour de la Lune.

Le zodiaque de nativité se présentera par conséquent avec le signe du Taureau en maison I, les Gémeaux en maison II, le Cancer en maison III, et ainsi de suite, jusqu'aux Poissons qui tomberont en la maison XI et au Bélier qui se trouvera en maison XII.

Pour l'année 1900, qui est la vingt-quatrième, le signe de nativité, — le Taureau, — devra être placé dans la maison II, ainsi que l'indique le *tableau des révolutions* (page 22).

Le zodiaque, pour l'année 1900, sera donc ainsi disposé :

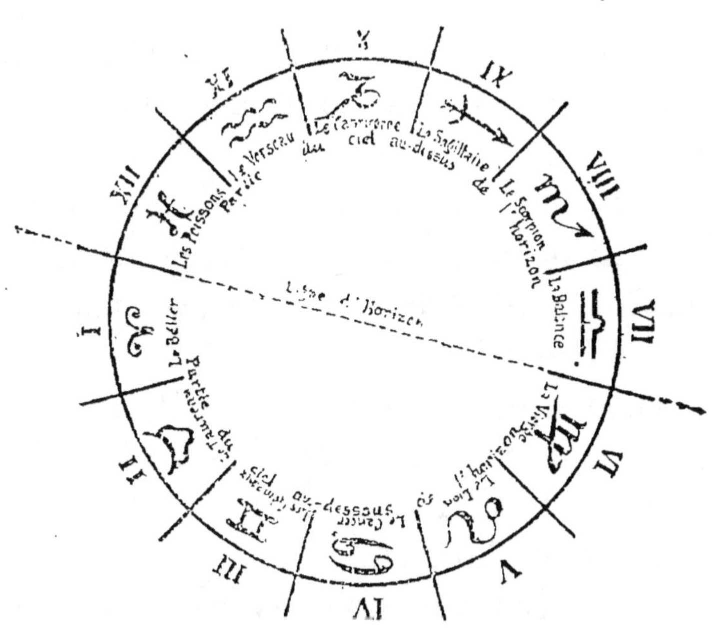

La Lune, qui était à son 5° jour au moment de la naissance, doit être placée dans le 2° décan des Gémeaux, ainsi que cela est indiqué dans le *tableau de l'évolution de la lune*, page 20.

La *Table du temps de gestation* d'Auger Ferrier se divise en deux parties.

Il y a deux colonnes pour indiquer le

nombre de jours que doit durer la gestation.

Celle de droite est celle qui doit être employée lorsque la lune, au moment de la conception, se trouve au-dessus de l'hori-de l'horizon.

Celle de gauche est celle qui doit être employée lorsque la lune se trouve au-dessous zon.

L'horizon, dans le zodiaque, est formé par le diamètre qui coupe le cercle horizontalement, c'est-à-dire en passant par les maisons I et VII.

Par conséquent, les maisons I, II, III, IV, V et VI sont au-dessous de l'horizon et les maisons VII, VIII, IX, X, XI et XII sont au-dessus de l'horizon.

Dans le cas que nous avons pris pour exemple, la lune, qui est dans le 2° décan du signe des Gémeaux, se trouve située au-dessous de l'horizon, puisque les Gémeaux sont en maison III.

C'est donc à la colonne de gauche de la *table du temps* d'Auger Ferrier qu'il faut demander le nombre de jours que durera la gestation.

Le premier des signes situés au-dessous de l'horizon est celui de la maison I.

C'est de ce signe qu'il faut partir pour compter.

Auger Ferrier, dans sa *table du temps*, le compte pour 0, tandis qu'il donne le n° 1 au signe de la maison II et ainsi de suite jusqu'au signe de la maison VI, qui porte le n° 5.

Il en est de même pour les signes placés au-dessus de l'horizon : celui de la maison VII correspond au 0, celui de la maison VIII à 1 et ainsi de suite jusqu'à celui de la maison XII, qui correspond à 5.

Ceci posé, il est facile de voir, sur la figure zodiacale, que le signe des Gémeaux, où la Lune se trouve placée, correspond au n° 2 des signes situés au-dessous de l'horizon.

Le 2° décan correspond aux degrés 11 à 20.

Pour connaître la durée de la gestation que nous avons prise pour exemple, il faudra donc prendre, dans la colonne de gauche de la *table du temps*, le chiffre 279 qui correspond au 12° degré du 2° signe.

Cette gestation aura par conséquent une durée de 279 jours.

On peut, de la sorte, en connaissant l'époque de la conception, déterminer le moment exact de la parturition, c'est-à-dire le jour même de la naissance de l'enfant.

Le chiffre de 279 jours est légèrement supérieur à celui de 273 jours qui représente la durée moyenne de l'existence intra-utérine.

La différence est de six jours.

Pour connaître la durée exacte de l'influence de chaque planète sur l'embryon ou le fœtus, il faut, selon le cas, ajouter les jours supplémentaires ou déduire les jours de déficit.

Lorsque la lune est au-dessous de l'horizon, le nombre des jours de gestation est toujours supérieur à la moyenne de 273 jours.

L'excédent devra être réparti proportionnellement entre les trois planètes, SATURNE, JUPITER et MARS, qui influent sur la vie de l'embryon.

Quand la lune est au-dessus de l'horizon, le nombre des jours de gestation est au contraire inférieur à la moyenne de 273 jours.

Dans ce cas, le déficit doit être proportionnellement réparti entre les quatre planètes — SOLEIL, VÉNUS, MERCURE et LUNE —

qui influent sur la vie du fœtus, et la durée de leur influence se trouvera ainsi déduite.

Le mystère de la vie intra-utérine révélé.

Nous arrivons maintenant à la nature de l'influence spéciale de chaque planète pendant l'œuvre mystérieuse de la gestation, au cours de laquelle l'être engendré se forme, se constitue, se développe et prend, par les formes du corps et la conformation des organes, les prédispositions matérielles qui règleront toute sa vie.

Ce sont là les arcanes de la procréation.

Voici, en premier lieu, quel est le développement de l'être engendré pendant la période de la vie intra-utérine, tel que le précise la science médicale.

Depuis le moment de la fécondation jusque vers le troisième mois de la vie intra-utérine, le produit de la conception porte le nom d'*embryon*.

A la fin du troisième mois, il prend le nom de *fœtus*.

Sa longueur est de $0^m,12$ à $0^m,15$, et son poids de 100 à 125 grammes.

On distingue déjà le sexe.

Un mois plus tard, le fœtus a doublé de poids, les fontanelles et les sutures de la tête sont très amples. On aperçoit quelques cheveux courts et blanchâtres. La bouche, les yeux, les mains sont formés.

A cinq mois, le poids du corps varie entre 300 et 360 grammes. Sa longueur est d'environ $0^m, 25$. La peau offre plus de consistance, moins de transparence, et la tête a un grand nombre de petits cheveux argentins.

A six mois, la longueur du corps est de $0^m, 30$; le poids, de 400 à 500 grammes. La peau présente quelques parcelles d'enduit sébacé et l'on peut distinguer le derme de l'épiderme. Les yeux sont fermés; les paupières, minces, sont hérisées sur leur bord libre, ainsi que les sourcils, de petits poils très fins. Les ongles sont solides.

A sept mois, le fœtus acquiert une longueur de $0^m, 32$ à $0^m, 36$, les os du crâne sont saillants à leur partie moyenne; tous les organes ont plus de consistance et s'accroissent proportionnellement.

Au septième, au huitième mois, le fœtus s'accroît beaucoup plus en épaisseur qu'en longueur. Il n'a, en effet, au huitième mois, que 0^m, 40 ou 0^m, 45 de long, tandis qu'il pèse de 2 kilos à 2 kilos 500 grammes. La peau est rouge, couverte de duvet et d'un enduit sébacé ou verni caséeux.

Enfin, au neuvième mois, à terme, le fœtus présente une longueur ordinaire de 0^m, 50 à 0^m, 60 ; il pèse de 3 kilos à 3 kilos 500 grammes. Les os du crâne, sans être encore soudés, sont très rapprochés les uns des autres. Les poumons sont rouges, compactes, semblables au tissu du foie.

En général, on peut dire que le fœtus s'accroît rapidement pendant les trois premiers mois de la grossesse, que cet accroissement se ralentit pendant les trois mois suivants, pour s'accélérer ensuite pendant le dernier trimestre.

*
* *

Arrivons à la doctrine occulte.

Établissons d'abord comment se répartissent les parties du corps humain entre les sept planètes, au point de vue de l'influence particulière que chacune d'elles exerce.

Saturne régit d'une manière générale les

os et les *cartillages*, la partie solide et matérielle de l'organisme, la charpente.

JUPITER régit les *chairs* et les *muscles;* les matériaux, pour ainsi dire, édifiés à l'aide de la charpente.

MARS régit la *bile* et les *organes sexuels de l'homme.*

LE SOLEIL régit le *sang* et les *vaisseaux,* c'est-à-dire le *cœur*, les *veines* et les *artères.*

VÉNUS régit les *intestins* et les *organes sexuels de la femme.*

MERCURE régit le *système nerveux* et les *quatre membres*, c'est-à-dire les *bras* et les *jambes.*

LA LUNE régit l'*estomac* et le *cerveau.*

Tel est administré l'ordre de la formation de l'être engendré.

A la fin de la période embryonnaire, — disent les ouvrages médicaux, — on distingue déjà le sexe, bien entendu quand il s'agit du sexe masculin; et encore l'un des deux testicules, le gauche, n'est-il jamais apparent à cette époque.

Ce n'est, en réalité, que pendant le huitième mois de la gestation que les organes du sexe sont complètement formés et réellement apparents.

Ce qui conduit à dire que si le sexe engendré est le masculin, les organes qui lui sont propres sont formés élémentairement au début du troisième mois, c'est-à-dire par l'influence de Mars qui régit l'appareil sexuel de l'homme.

Si, au contraire c'est le sexe féminin qui a été procréé, les organes qui lui conviennent, — les ovaires principalement, — ne sont formés qu'après le cinquième mois, par l'influence de Vénus qui régit l'appareil sexuel de la femme.

Et ce n'est que trois mois après, dans le huitième mois, que ces organes ont atteint leur complet développement, ce qui se passe sous l'influence de la Lune.

Les mois de la gestation sont comptés comme mois lunaires, c'est-à-dire des mois de 30 jours.

On peut donc dresser ainsi l'ordre d'influence des planètes.

4.

TABLEAU DE

Mois	Jours		INFLUENCE DES PLANÈTES
Conception	. . . .		La conception est influencée par le Soleil et la Lune.

<table>
<tr><td rowspan="6">Période Embryonnaire</td><td>1er</td><td>10</td><td rowspan="6">SATURNE
63 jours.</td><td rowspan="6">Saturne préside à la formation de l'embryon ; sous son influence. la semence vitale de l'homme, ayant pénétré dans l'ovule, se corrompt et constitue l'organisme rudimentaire sous la forme gélatineuse qui se transforme bientôt en cartilages et os, dont elle contient les éléments: c'est la vie végétative.</td></tr>
</table>

LA GESTATION

Mois Jours

Période Fœtale

5e — 130 / 140 / 150 — **SOLEIL** 30 jours.

Le Soleil préside à la formation définitive du fœtus. Il forme le cœur, les veines, les artères et le sang. Il donne le mouvement à l'âme sensitive qui anime le nouvel être. (L'âme s'adjoint au corps à l'expiration de la vie embryonnaire). La *vie animique* commence.

6e — 160 / 170 — **VÉNUS** 25 jours.

Sous l'influence de Vénus se forment les organes sexuels de la femme, si la procréation est féminine. Les intestins se forment et se remplissent de méconium. Le principe des sens est déterminé. La *vie sensitive* commence.

7e — 180 / 190 / 200 / 210 — **MERCURE** 42 jours.

Mercure développe les membres déjà formés. Il forme l'appareil innervateur et le réseau des nerfs. Il établit le principe de l'organe de la pensée et il forme l'instrument de la voix : la *vie nerveuse* commence, les organes sexuels masculins achèvent de se développer.

8e — 220 / 230 / 240 / 250 — 9e — 260 / 270 — **LUNE** 53 jours.

Par l'influence de la Lune, le cerveau reçoit son développement complet. L'estomac se forme et s'apprête à fonctionner. La Lune épanche les humeurs qui remplissent tous les vides dans les différentes parties de la structure. Elle achève la vie intra-utérine et préside à l'avènement de la *vie extérieure* à son état définitif de perfectionnement.

Tel est le mystère de la vie intra-utérine, dans laquelle se forme et se développe, en une évolution normale et sous la successive influence des sept planètes, l'être nouveau qui a été engendré et qui va être mis au monde.

Après la conception, ce n'est que la vie végétative, la germination, pour ainsi dire, qui s'accomplit sous l'influence mystérieuse de Saturne.

L'embryon ne vit pas encore il végète.

Il ne parvient à la vie animale que sous l'influence de Jupiter qui lui donne le fluide astral, la substance vitale.

Sous l'influence de Mars, cette vie animale se perfectionne. La vie humaine commence. en quelque sorte.

Cependant, l'embryon n'est pas encore pourvu d'une âme.

Il ne la reçoit que lorsqu'il devient fœtus, c'est-à-dire un être organisé.

Alors, sous l'influence du Soleil, le corps fluidique se forme et le corps peut par lui, être uni à l'âme.

C'est, à partir de ce moment, ce que nous avons appelé la vie animique, c'est-à-dire l'être complètement organisé.

Vénus lui donne la faculté de sentir, et c'est sous son influence l'avénement de la vie sensitive.

Mercure à son tour, lui apporte une faculté nouvelle, l'innervation, qui va lui permettre d'exercer les facultés de l'âme, et ainsi s'inaugure la vie nerveuse, la vie réellement intellectuelle.

Enfin le petit être se complète sous l'influence de la Lune, et doué dès lors de toutes les propriétés matérielles, fluidiques et spirituelles. il peut faire son entrée dans le monde.

Tels sont les arcanes de la procréation.

Mais ici la théorie de la formation de l'être se complète, et les influences diverses qu'il subit pendant la vie intra-utérine, viennent compliquer les présages dont la détermination du sexe n'a été que le prélude.

Les influences planétaires sont plus ou moins puissantes selon la constitution des planètes qui les exercent.

L'étude de l'horoscope peut seule les déterminer nettement, et nous ne nous étendrons pas à cette démonstration trop complexe et abstraite dans cet ouvrage qui n'a pour but que la question sexuologique.

Il est évident cependant que si Saturne n'exerce que sa funeste influence, le système osseux auquel il préside en souffrira, et de là proviennent le rachitisme et les difformités congénitales de la structure.

Il en est de même quand à l'influence des autres planètes.

Le défaut de Jupiter créera les êtres faibles et chétifs, sans forte musculature, sans suffisante essence vitale.

L'excès de Mars exagèrera le développement de la masculinité chez l'homme et chez la femme; il fera d'une part les lubriques, les génésiques, et d'autre part les viragos.

La mauvaise influence du Soleil formera les anémiques en appauvrissant le sang.

L'excès de Vénus exagèrera la sentimentalité, fera les hommes efféminés et les femmes luxurieuses.

L'influence pernicieuse de Mercure causera l'exagération de la sensibilité, prédisposera aux maladies de l'appareil innervateur.

Enfin la mauvaise influence de la Lune causera les défauts de conformation du cerveau et de l'appareil digestif.

VI

PRÉDICTION DU SEXE

AVANT LA PARTURITION CHEZ LA FEMME MULTIPARE.

Nous avons vu comment se présage la détermination du sexe avant la conception, et nous avons étudié l'œuvre mystérieuse de la procréation.

Nous arrivons ici à la prédiction du sexe de l'enfant engendré.

La première méthode, — la plus simple, — est celle qui ne s'applique qu'aux femmes multipares, c'est-à-dire à celles qui ont déjà été mères au moins une fois.

Cette méthode à cet avantage de se prêter à une vérification immédiate.

Nous n'en sommes pas l'inventeur, — pas plus, du reste, que des autres théories exposées dans cet ouvrage, — mais nous devons à la vérité déclarer que nous avons expérimenté ce système, et que nous n'avons jamais constaté une seule erreur.

Cette méthode est, d'ailleurs, fort connue.

Grand nombre de sages-femmes en ont souvent fait l'application à leur clientèle.

Dans les campagnes principalement, où l'on est mieux à même de constater l'influence de la Lune sur le temps et les variations météorologiques, sur la germination et la croissance des végétaux, sur toutes les œuvres visibles quoique mystérieuses de la nature, ce système est d'un usage courant.

La méthode que nous allons exposer est, en effet, basée sur l'influence de la Lune.

La règle est celle-ci :

Pour déterminer le sexe de l'enfant engendré, il faut se reporter à l'époque de la naissance de celui qui l'a précédé dans la vie.

Si la Lune a changé, dans les neuf jours qui ont suivi la naissance de l'enfant précédent, le sexe de l'enfant qui va naître de la même mère sera différent de celui de l'enfant antérieurement mis au monde :

Par contre, si la Lune n'a pas changé dans les neuf jours qui ont suivi la naissance de l'enfant précédent, le sexe de l'enfant qui va naître de la même mère sera identique à celui de l'enfant antérieurement mis au monde.

Qu'appelle-t-on changement de Lune?

La Lune change lorsque, étant dans sa période de décroissance, — c'est-à-dire à partir de la pleine lune, — elle entre dans sa période de croissance, — ce qui arrive au moment de la nouvelle lune.

Au moyen de la *table des épactes* (page 17), et de la *table des phases* (page 18), il sera facile de voir s'il y a un changement de Lune dans les neuf jours qui ont suivi la parturition qui a précédé la conception de l'enfant dont on veut connaître le sexe.

Si, dans ces huit jours, la Lune est devenue nouvelle, il y a changement de Lune et le sexe changera donc également.

Si le changement de Lune s'est produit plus de neuf jours après l'accouchement précédent, il n'y aura pas de changement de sexe lors de l'accouchement suivant.

On peut envisager cette règle d'une autre manière, qui est peut être plus simple.

Lorsque l'accouchement précédent a eu lieu du vingt-unième au vingt-neuvième jour inclus de la Lune, le sexe de l'enfant qui va venir au monde sera différent de celui de l'enfant qui l'a précédé.

Lorsque l'accouchement précédent s'est produit du premier au vingt-et-unième, le sexe de l'enfant qui va venir au monde sera le même que celui de l'enfant qui l'a précédé.

Il n'y a donc, pour l'établir, qu'à connaître exactement l'âge de la Lune au moment du précédent accouchement, ce qui est très facile à calculer sur le calendrier de l'année au cours de laquelle cet enfant est venu au monde.

VII

PRÉDICTION DU SEXE AVANT LA PARTURITION

CHEZ LA FEMME PRIMIPARE OU MULTIPARE

La méthode de prédiction, avant la naissance, du sexe de l'enfant engendré, que nous allons exposer dans ce chapitre s'applique à tous les cas possibles.

Elle concerne toutes les femmes, qu'elles soient mères pour la première fois, ou qu'elles aient déjà eu de précédentes maternités.

Cette prédiction ne peut se faire qu'au moyen de l'Astrologie et de la comparaison des horoscopes.

Il y a deux méthodes :

L'une est complète et absolument infaillible, mais d'une difficulté qui n'échappera pas à nos lectrices et à nos lecteurs.

La seconde n'offre qu'une probabilité, mais une probabilité assez convenablement fondée pour presque égaler la certitude.

Voici la première méthode :

Selon les règles de l'Astrologie, on érigera ou on fera ériger par une personne compétente les deux horoscopes du père et de la mère de l'enfant engendré.

Ces horoscopes devront contenir les sept planètes, placées dans les signes zodiacaux que leur assignera l'évolution du cercle fatidique.

On fera ensuite la révolution de ces horoscopes pour l'année pendant laquelle la conception a été opérée et on en établira la comparaison.

On prendra le *significateur d'enfants* dans les deux horoscopes de nativité et on examinera leur influence respective.

Le *significateur d'enfants* est la planète qui est maîtresse du signe occupant la maison V.

Si le significateur d'enfants, dans l'horoscope du père, est maléficié par une quadrature ou une opposition, on prendra celui de la mère.

La situation de ce significateur dans les deux révolutions d'horoscopes indiquera clairement le sexe de l'enfant engendrê.

Le sexe sera masculin si le significateur d'enfants, étant une planète masculine, se trouve dans un signe masculin dans l'horoscope qui le fournit et si, dans la révolution de l'autre horoscope, la maison à laquelle ce signe correspond est celle dans laquelle le significateur est *en joie*.

SATURNE est	en joie dans la maison		XII.
JUPITER	—	—	XI.
MARS	—	—	VI.
LE SOLEIL	—	—	IX.
VÉNUS	—	—	V.
MERCURE	—	—	I.
LA LUNE	—	—	III.

Il y a encore présage du sexe masculin si le *significateur d'enfants*, bien qu'étant situé dans un signe féminin, se trouve *en réception* avec une planète masculine dans l'horoscope qui l'a fourni.

Une planète est dite *en réception* lorsque, se trouvant dans un signe qui est son lieu d'exil, elle est en aspect favorable avec la planète qui est maîtresse du signe où elle se trouve.

Saturne est en exil dans le Cancer qui appartient à *la Lune* et dans le Lion qui appartient au *Soleil*.

Jupiter est en exil dans **les Gémeaux** et dans **la Vierge** qui appartiennent à *Mercure*.

Mars est en exil dans **le Taureau** et dans **la Balance** qui appartiennent à *Vénus*.

Le Soleil est en exil dans **le Verseau** qui appartient à *Saturne*.

Vénus est en exil dans **le Bélier** et dans **le Scorpion** qui appartiennent à *Mars*.

Mercure est en exil dans **le Sagittaire** et dans **les Poissons** qui appartiennent à *Jupiter*.

La Lune est en exil dans **le Capricorne** qui appartient à *Saturne*.

Il y a présage du sexe féminin si le *significateur d'enfants* est une planète de nature féminine et se trouve placé en signe féminin dans celui des deux horoscopes qui l'a fourni et si, dans la révolution de l'autre horoscope, la maison à laquelle ce signe correspond est celle dans laquelle ce significateur est en joie.

Il y a encore présage du sexe féminin si le *significateur d'enfants*, bien qu'étant situé dans un signe masculin, se trouve en réception avec une planète féminine dans l'horoscope qui l'a fourni.

Nous ne terminerons pas l'exposé de cette méthode sans parler des présages particuliers fournis par Saturne et par Mars, relativement à la naissance de l'enfant.

Si Saturne, dans la révolution d'horoscope du père, infortune la maison V dans la révolution d'horoscope de la mère, l'enfant sera mort-né ou ne vivra pas.

Si Mars, dans la révolution d'horoscope du père, infortune la maison V dans la révolution de l'horoscope de la mère, l'enfantement sera particulièrement laborieux et souvent même dangereux, nécessitant l'emploi des moyens chirurgicaux.

Ces présages sont les mêmes quand Saturne et Mars maléficient le significateur d'enfants, c'est-à-dire le maître de la maison V, dans la révolution d'horoscope de la mère.

**

****

Si la seconde méthode dont nous avons parlé n'offre qu'une quasi-certitude, c'est-à-dire si les présages qu'elle fournit sont sujet, — à peine une fois sur cent, — à des erreurs, qui proviennent d'une question d'influence solaire ou lunaire, elle a du moins l'avantage d'être simple, pratique, d'une exécution rapide et réellement à la portée de tout le monde.

Cette méthode est basée sur l'influence du Soleil.

Il faut établir la figure zodiacale du père pour l'année dans laquelle la conception a eu lieu.

Nous avons indiqué la manière de procéder en donnant les règles de la révolution de l'horoscope.

Nous aurons encore recours à un exemple pour faciliter l'intelligence de ce système.

Supposons que l'on veuille connaître avant la naissance, le sexe d'un enfant procréé dans la première quinzaine d'avril de l'année 1900 par un homme né le 10 juin 1870.

Le présage sexuologique de l'enfant engendré s'obtient par la situation du Soleil au-dessus ou au-dessous de l'horizon au moment de la conception.

Il faut donc, ainsi que nous l'avons déjà indiqué, tracer une circonférence divisée en douze parties égales, que l'on numérote dans l'ordre qui est assigné aux maisons solaires.

Après avoir établi d'après la table (page 12), quel signe du zodiaque correspond à la naissance, on cherche, dans la *table des révolutions* (page 22), en quelle maison ce signe doit être placé pour la révolution correspondant à l'année de la conception.

On cherche sur un calendrier astronomique, ou tout simplement sur la table de la page 12, le signe dans lequel se trouvait le soleil au moment de la fécondation, et on l'inscrit dans ce signe.

Voici donc quelle sera la disposition du zodiaque dans le cas que nous avons pris pour exemple :

5.

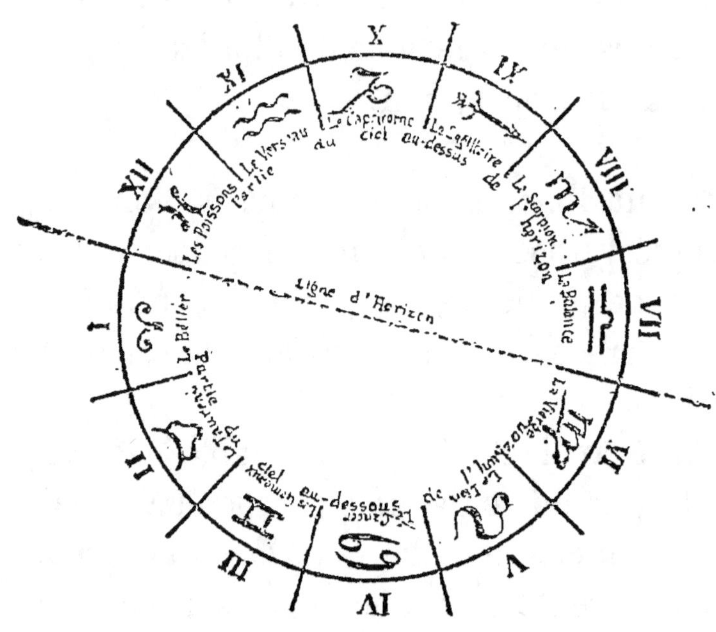

La nativité ayant eu lieu le 10 juin 1870,
qui correspond au signe du Cancer, ce signe,
— le Cancer, — doit être placé pour la révolution de 1900, — trentième année, — dans
la maison VIII, selon les indications du *tableau des Révolutions* (page 22).

D'autre part la fécondation ayant été opérée
dans la première quinzaine d'avril, le Soleil
se trouvait à ce moment dans le signe du
Bélier.

C'est ce que représente la figure ci-dessus.

Nous avons expliqué plus haut ce que l'on entend par la ligne d'horizon de la figure zodiacale.

Elle divise le zodiaque en deux parties égales.

La partie supérieure contient les signes incrits dans les maisons VII, VIII, IX, X, XI et XII.

La partie inférieure comprend les signes inscrits dans les maisons I, II, III, IV, V et VI.

La règle est celle-ci ;

Si au moment de la procréation, le Soleil, dans la figure zodiacale du père, se trouve au-dessous de l'horizon, l'enfant engendré sera du sexe féminin.

Si, au moment de la procréation, le Soleil se trouve au-dessus de l'horizon, l'enfant engendré sera du sexe masculin.

Il n'y a rien de plus facile comme opération et l'expérience est tout ce qu'il y a de plus simple à faire.

VIII

PRÉSAGES D'AVORTEMENT

La première des deux méthodes que nous venons d'exposer permet, en outre, de déterminer avec certitude s'il y a un présage d'avortement.

Il s'agit de la méthode basée sur la comparaison des deux horoscopes du père et de la mère.

L'avortement est un accident pathologique ou provoqué, (chûte, blessure, émotion, commotion, etc.,) qui est propre à la mère.

Il suffira de consulter son horoscope, laissant de côté, pour cet examen, celui du père.

C'est par le *significateur d'enfant*, — c'est-à-dire le maître de la maison V, dans la figure zodiacale de la mère, — que l'on doit opérer.

On établira dans la révolution de cette

figure zodiacale, comme cela a été dit, pour l'année pendant laquelle la conception a été opérée.

On prendra le significateur d'enfant et on le placera, en cette révolution, dans la même maison qu'il occupait sur la figure zodiacale de nativité, quel que soit le signe qui se trouve dans cette maison.

Si le significateur d'enfant se trouve en chûte et maléficié par Saturne, ou par Mars, le présage d'avortement est établi.

Voici dans quel signe les planètes sont *en chûte :*

SATURNE	est en chûte dans	le Bélier.
JUPITER	—	le Capricorne.
MARS	—	le Cancer
LE SOLEIL	—	la Balance.
VÉNUS	—	la Vierge.
MERCURE	—	les Poissons.
LA LUNE	—	le Scorpion.

Saturne et Mars maléficient le significateur d'enfant, ainsi que nous l'avons déjà vu, s'ils se trouvent avec lui en opposition ou en quadrature.

Si le significateur d'enfant est maléficié

par Saturne, l'avortement présagé sera causé par un vice constitutionnel des organes de la mère, ou par une cause mystérieuse.

Si le significateur d'enfant est maléficié par Mars, l'avortement présagé sera causé par une cause accidentelle extérieure.

Si le significateur d'enfant est maléficié à la fois par Mars et par Saturne, le présage varie suivant que la funeste influence de ces deux planètes est produite par leur conjonction en opposition avec le significateur d'enfant, ou par leur conjonction en quadrature avec le significateur d'enfant, ou encore par l'opposition de l'une ou la quadrature de l'autre avec le significateur d'enfant.

Cela donne naissance à quatre cas différents.

Dans les deux premiers cas, la conjonction de Saturne et de Mars maléficiant le significateur d'enfant, présage toujours mort du fœtus pendant la gestation.

Si cette conjonction est en opposition avec le significateur d'enfant, la mort du fœtus sera le résultat d'une cause intérieure, du domaine pathologique.

Si cette conjonction est en quadrature

avec le significateur d'enfant, la mort du fœtus sera le résultat d'une cause extérieure ou du domaine traumatique.

Si la conjonction de Saturne et de Mars est au-dessous de l'horizon, la mort de l'enfant procréé aura lieu pendant la période embryonnaire (du 1er au 3me mois de la grossesse).

Si la conjonction de Saturne et de Mars est au-dessus de l'horizon, la mort de l'enfant procréé aura lieu pendant la période fœtale (du 4me au 9me mois de la grossesse).

Reste les deux autres cas de présage d'avortement.

Si Saturne est en opposition et Mars en quadrature avec le significateur d'enfant, l'avortement s'opérera d'une façon normale, mais il sera suivi d'une hémorrhagie dangereuse.

Si Saturne est en quadrature et Mars en opposition avec le significateur d'enfant, l'avortement nécessitera une opération chirurgicale.

Si, en cette situation, le Soleil est en conjonction avec Mars, la mère ne se guérira jamais complètement.

Si, en cette situation, le Soleil est en conjonction avec Saturne, la mère mourra des suites de l'avortement.

Si, en cette situation, la Lune est en conjonction avec Mars, il y aura blessure ou déchirement inguérissable de l'utérus.

Si, en cette situation, la Lune est en conjonction avec Saturne, l'avortement sera suivi d'une maladie de matrice inguérissable.

IX

MÉTHODE

POUR LA PROCRÉATION DU SEXE MASCULIN OU FÉMININ A VOLONTÉ

Le lecteur de cet ouvrage qui a minutieusement étudié et bien compris les règles que nous avons exposées pour trouver les présages de la détermination du sexe de l'enfant qui n'est pas encore engendré, en a déjà déduit qu'il était possible de tirer de ces mêmes règles une méthode certaine pour procréer à volonté un enfant du sexe masculin ou du sexe féminin.

C'est ce que nous allons démontrer.

Il est évident, en effet, que la science qui permet d'annoncer à deux personnes unies en mariage quel sera le nombre, le sexe et l'époque de naissance de leurs enfants, leur a indiqué dans quelles conditions ils seront respectivement placés le jour de la procréation de chacun de ces enfants.

Ces indications constituent bien, en réalité, la méthode pour la procréation du sexe masculin ou du sexe féminin, au choix des époux qui désirent un enfant.

La science de l'horoscope permet seule de soulever ce voile du plus mystérieux avenir et de révéler les arcanes de la génération.

L'opération à faire est celle que nous avons déjà indiquée et qui consiste dans l'étude des influences célestes exercées sur la destinée des deux époux.

Mais, ici, cette étude doit être beaucoup plus minutieuse et plus complète.

On dressera d'abord les deux horoscopes de nativité, car dans leurs signes les faits de l'existence entière sont écrits, et on les étudiera séparément.

Des ouvrages spéciaux enseignent la science de l'horoscope, mais, pour un travail aussi sérieux, dans lequel aucune erreur ne doit être commise, nous conseillerons de ne pas se contenter des traités modernes, dans lesquels bien des points importants ont été négligés et des fautes commises.

On devra se servir d'un traité sérieux et complet, de l'époque où la science des influences planétaires était exercée avec autorité par des hommes qui en possédaient la théorie réelle et l'experte pratique.

Le *Centiloque* de Ptolémée de Péluse et les *Mathématiques célestes* d'Albumassar sont les deux seuls ouvrages que nous pouvons conseiller.

On en trouvera la traduction latine dans le *Speculum astrologiæ* de Junctin de Florence, dont un exemplaire est conservé à la Bibliothèque Nationale et un autre à la Bibliothèque Sainte-Geneviève.

L'étude de l'horoscope de nativité du mari et de la femme révèlera d'abord s'ils sont l'un et l'autre aptes à la procréation.

Nous admettons, bien entendu, qu'ils le soient.

Ce premier travail consciencieusement opéré, on fera la révolution du cercle zodiacal, selon les règles que nous avons indiquées, pour l'année en laquelle on désire que la procréation d'un enfant ait lieu.

On comparera l'une à l'autre ces deux figures astrologiques, afin de s'assurer qu'il y a bien les signes de concordance dont nous avons parlé.

Il est possible, en effet, qu'un enfant soit promis à des époux par les présages sidéraux, mais il peut se faire que la réalisation de cette promesse ne soit pas assignée à l'année pour laquelle on le désire.

Si les signes des deux figures zodiacales concordent, une nouvelle étude est à faire.

Cette étude a pour but d'étudier dans quelles conditions devront être placés le mari et la femme pour obtenir la procréation de l'enfant du sexe qu'ils désirent.

Nous sommes obligés de rappeler ici ce que nous avons déjà dit au sujet de l'influence déterminante du sexe attribuée aux planètes.

Saturne, Jupiter, Mars et le Soleil donnent des présages de sexe masculin.

La Lune et Vénus donnent des présages du sexe féminin.

Mercure fournit inégalement le présage de l'un ou de l'autre sexe, selon qu'il est sous l'influence d'une planète masculine ou féminine.

Mais, dans la méthode qui nous occupe en

ce moment, nous devons écarter Saturne, Mars, le Soleil, Mercure et la Lune, pour ne retenir que Jupiter et Vénus comme déterminatifs, l'un du sexe masculin et l'autre du sexe féminin.

En effet, la combinaison des influences planétaires n'a de raison d'être que dans l'interprétation de l'horoscope.

On verra, du reste, dans le *Centiloque* de Ptolémée de Péluse, que Jupiter, Vénus et la Lune donnent seuls des enfants ; tandis que Saturne, Mars et le Soleil en enlèvent, et que Mercure, neutre par sa nature, ne donne un enfant que s'il est à l'orient du Soleil.

Mais il n'est question en cela que de présages de naissance d'enfants.

Par conséquent, nous établissons avant tout cette règle :

Jupiter et Vénus sont les deux seules planètes dont il y ait à utiliser l'influence lorsque, un enfant étant promis, on veut le procréer de l'un ou de l'autre sexe.

Le Soleil et la Lune ne seront ici que deux facteurs qui détermineront la procréation ou, pour dire plus exactement, la vertu prolifique de l'homme et l'aptitude fécondatrice de la femme, mais qui ne concourent en aucune manière à la détermination du sexe.

Que ceux de nos lecteurs et celles de nos lectrices qu'effraierait la difficulté d'ériger ou de faire ériger d'une manière exempte de toute erreur leur horoscope de nativité, et d'en faire ensuite, selon les règles précises de la science, la révolution et la comparaison, ne soient pas arrêtés par cet ardu problème.

La méthode que nous avons entrepris d'exposer pour la procréation à volonté d'enfants du sexe masculin ou féminin se complète incontestablement par l'interprétation des combinaisons multiples des influences sidérales ; mais ce travail n'est pas indispensable.

Ceux qui sont aptes à la procréation n'ont pas besoin d'en avoir la confirmation par l'interprétation des influences sidérales.

Nous avons voulu indiquer la nécessité de consulter l'horoscope pour que la méthode que nous exposons soit absolument complète et ne soit susceptible d'aucune erreur.

Mais le résultat peut être atteint dans

la plupart des cas, sans le concours de l'Astrologie.

Examinons d'abord l'influence du Soleil et de la Lune, au point de vue de la procréation.

Le Soleil, élément actif et mâle, favorise ou contrarie, selon sa situation, les facultés prolifiques de l'homme.

La Lune, élément passif et femelle, favorise ou contrarie, selon sa position, l'aptitude fécondatrice de la femme.

Il faut donc, avant toute chose, que l'œuvre de procréation soit favorablement influencée par le Soleil pour le mari et par la Lune pour la femme.

L'influence du Soleil sera favorable à la procréation, lorsqu'il sera situé dans un des signes du zodiaque qui se trouvent au-dessus de l'horizon.

On a déjà vu ce que l'on entend par là : Cela veut dire que, dans la révolution du cercle zodiacal pour l'année indiquée, le Soleil doit se trouver dans un des signes qui occupent les maisons VII, VIII, IX, X, XI et XII, ce que tout le monde doit être capable de déterminer avec les règles que nous avons posées.

Quant à la Lune, prise ainsi que cela à été indiqué et placée dans le signe qui lui est assigné par son âge au moment de la naissance, elle sera favorable si elle est située dans la maison V ou si elle est en bon aspect avec cette maison, c'est-à-dire si elle n'est avec elle ni en opposition ni en quadrature.

Le rôle de Jupiter et de Vénus, qui seuls déterminent le sexe de l'enfant qui doit être procréé, est plus complexe.

Pour la procréation du sexe masculin, il est d'abord indispensable que Jupiter ne soit point maléficié par opposition ou quadrature de Saturne ou de Mars, ce qu'on trouvera indiqué dans le calendrier-annuaire du bureau des longitudes qui donne les aspects planétaires pour chaque jour de l'année.

Il faudra, en outre, choisir pour l'accomplissement de l'œuvre procréatrice, le jour de Jupiter, — le jeudi, — ou celui du Soleil, — le dimanche, — s'il est au-dessus de l'horizon zodiacal.

L'heure devra être une de celles que gouverne Jupiter en ces deux jours, (consulter le tableau des heures planétaires, page 45), c'est-à-dire la 6°, la 13° et la 20°, si c'est le dimanche, et la 1re, la 8e, la 15e et la 22e, si c'est le jeudi.

Le mari et la femme devront se préparer à l'œuvre procréatrice par une continence de trois jours et par une alimentation azotée et phosphatée.

Enfin, ils devront, pendant ces trois jours et particulièrement pendant la consommation de l'acte conjugal, souhaiter avec foi la réalisation de leur désir, c'est-à-dire avoir la conviction inébranlable qu'il sera accompli et la ferme volonté de le réaliser.

Pour la procréation du sexe féminin, il sera d'abord nécessaire de s'assurer, par la consultation du calendrier-annuaire du bureau des longitudes, que Vénus n'est pas maléficiée par la conjonction, la quadrature ou l'opposition de Saturne, ni de Mars, ni du Soleil.

On choisira le jour de Vénus, le vendredi, ou celui de la Lune, le lundi, si elle n'est ni en conjonction, ni en quadrature, ni en opposition avec le Soleil, c'est-à-dire si elle n'est ni à son septième, ni à son quinzième, ni à son vingt-deuxième jour, ni à son dernier jour.

L'heure qui devra être choisie sera l'une de celle que Vénus gouverne en ces deux jours, c'est-à-dire la 6ᵉ, la 13ᵉ et la 20ᵉ heure, si c'est le lundi, et la 1ʳᵉ, la 8ᵉ, la 15ᵉ ou la 22ᵉ, si c'est le vendredi.

Aucun délai de continence n'est nécessaire pendant les jours qui précèdent l'accomplissement de l'œuvre procréatrice, quand il s'agit d'obtenir un enfant du sexe féminin, — nous dirons même : au contraire.

Mais, pendant les cinq jours qui précèderont la consommation de l'acte conjugal, les deux époux devront faire à peu près exclusivement usage d'aliments albumineux et azotés, et la femme devra s'abstenir rigoureusement de vin, de spiritueux et de toute boisson fermentée.

Enfin l'énergie de la volonté, la foi aveugle, la confiance en la certitude du résultat sont également indispensables.

Telles sont les règles certaines pour obtenir à volonté la procréation d'un enfant du sexe masculin ou du sexe féminin.

****

D'autres méthodes ont été préconisées;

elles ont pu réussir, mais il ne nous est possible d'indiquer que celle-ci comme étant sérieusement fondée et susceptible d'un succès certain, lorsque toutes les conditions imposées sont remplies et lorsque toutes les règles sont fidèlement observées.

FIN

TABLE DES MATIÈRES

FIN DE LA TABLE DES MATIÈRES

Imprimerie de Poissy — S. LEJAY.

L'ORACLE DES FLEURS

PAR

SIRIUS DE MASSILIE

1re PARTIE

LE VÉRITABLE LANGAGE DES FLEURS

D'après la Doctrine hermétique.

2e PARTIE

L'HIÉROBOTANIE

OU

LES CARACTÈRES OCCULTES

Et les Vertus magiques des Plantes et des Fleurs.

3e PARTIE

LA BOTANOMANCIE

OU

LA DIVINATION PAR LES FLEURS

Un beau volume in-18 illustré

Prix : 2 francs.

*Envoi franco contre 2 fr. 50 mandat-poste envoyé
à MM. Combet & Cie, Éditeurs, 5, rue Palatine,
Paris.)*